AF463589

PRONOSTICS

DU

DÉLUGE DE L'ESPRIT HUMAIN

CONSTRUCTION DE L'ARCHE DE SALUT

OU

GÉNÉRATION DE L'ÈRE NOUVELLE

SORTANT DU CHAOS DES IDÉES.

PAR M. ORINA

INITIÉ A LA VÉRITÉ, DOCTEUR PAR LA GRACE MAGNÉTIQUE
ET NE FAISANT PARTIE D'AUCUNE SOCIÉTÉ SAVANTE.

EN VENTE :

Première Livraison, prix : 50 centimes.

Le ciel gronde et j'écris.
Lisez ! l'heure est proche.

PARIS

DÉPOT, A LA LIBRAIRIE PHALANSTÉRIENNE

ET CHEZ LES PRINCIPAUX LIBRAIRES DE PARIS ET DE LA PROVINCE.

1848

PRONOSTICS

DU

DÉLUGE DE L'ESPRIT HUMAIN

CONSTRUCTION DE L'ARCHE DE SALUT

OU

GÉNÉRATION DE L'ÈRE NOUVELLE

SORTANT DU CHAOS DES IDÉES.

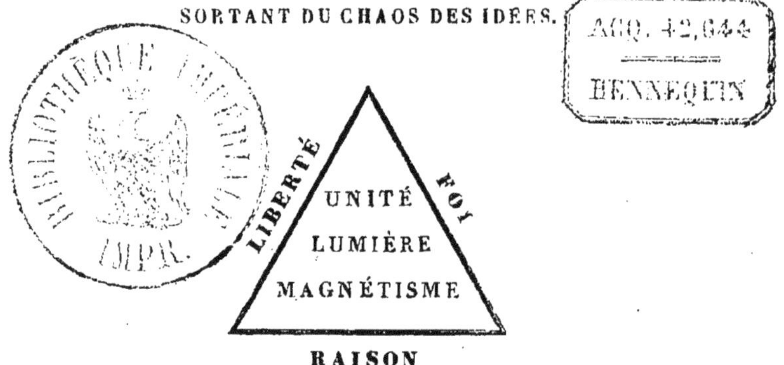

« Laissez les morts ensevelir leurs morts. . . . . . . Celui qui met la main à la charrue et regarde derrière lui n'est pas propre pour le royaume de Dieu. »

Evangile selon saint Luc, ch. IX, v. 61.

PAR M. ORINA

INITIÉ A LA VÉRITÉ, DOCTEUR PAR LA GRACE MAGNÉTIQUE
ET NE FAISANT PARTIE D'AUCUNE SOCIÉTÉ SAVANTE.

PARIS

DÉPOT, A LA LIBRAIRIE PHALANSTÉRIENNE

ET CHEZ LES PRINCIPAUX LIBRAIRES DE PARIS ET DE LA PROVINCE.

1848

DÉLUGE

DE L'ESPRIT HUMAIN.

CHAPITRE PREMIER.

CORRUPTION DE L'ESPRIT, ANNONCE DU DÉLUGE.

> « Puisque nous avons des dons différents, selon que la grâce nous a été donnée, que celui qui a le don de prophétie l'exerce selon la mesure de la foi qu'il a reçue. »
>
> *Épître de saint Paul aux Romains*, ch. XII, vers. 6.

Ce n'est plus une révolution qui vient ébranler les constitutions sociales du monde, c'est la première heure du DÉLUGE DE L'ESPRIT HUMAIN, c'est la déformation qui s'opère en lui pour arriver à la régénération, c'est la dissolution et la mort des vieux principes, où l'ère nouvelle va puiser les éléments de sa vie.

Toutes les puissances établies seront détruites, et le droit ancien réduit en poussière pour faire place aux lois de l'égalité et de la conscience ; l'univers intellectuel, brisé par le défaut d'harmonie et d'unité, attendra dans le chaos de la divisibilité et l'horreur des ténèbres le travail magnétique des atomes et la vibration des accords.

Voilà pourquoi l'Éternel a dit : « De même qu'au temps de Noé « toute chair avait corrompu sa voie (*Genèse*, ch. VI, vers. 12), « de même aujourd'hui l'esprit des hommes a corrompu la sienne ; « ainsi ce déluge n'est-il pas pour la chair et la chair vivra, mais

« JE TUERAI L'ESPRIT DE CE SIÈCLE, et les sciences orgueilleuses tom-
« beront dans le néant qu'elles ont appelé par la négation.

« LE MAGNÉTISME a trouvé grâce devant moi, parce qu'il était « faible et que les autres se riaient de sa faiblesse ; qu'il prenne donc « ma lumière et reconstruise l'arche de salut qui est ma lumière, « ainsi que j'en ai donné moi-même la visible démonstration, en « colorant l'arc-en-ciel à travers les pluies du déluge. »

Alors je suis venu avec LA LUMIÈRE, afin que quiconque croit en elle ne demeure pas dans les ténèbres, et que soient sauvés, ceux qui y verront le signe de l'alliance de Dieu avec les hommes. Car je ne parle pas par moi-même, mais celui qui m'a envoyé me prescrit de dire ces choses.

Et comme j'hésitais encore à les dire par respect humain, j'ai entendu gronder la voix de sa colère, et l'esprit de ceux qui tombaient sous les balles et mouraient pour la liberté est venu tour à tour me crier à l'oreille : hâte-toi ! hâte-toi !

CHAPITRE II.

DESTRUCTION DU TEMPLE, MENACES CONTRE LES FAUX PASTEURS.

20. ..... Son esprit s'étant affermi dans son orgueil, il fut dépouillé de son trône royal.
21. Et il fut chassé d'entre les hommes; son cœur fut rendu semblable à celui des bêtes....

DANIEL, ch. V.

16. ..... Tous ceux qui te dépouillent seront dépouillés, et j'abandonnerai au pillage tous ceux qui te pillent.
23. Voici la tempête de l'Éternel; la fureur est sortie, un tourbillon grossit; il tombera sur la tête des méchants.

JÉRÉMIE, ch. XXX.

§ I.

Sous l'inspiration de l'esprit agitateur qui va remuer l'humanité et dont le souffle était en moi, j'écrivais le terrible programme des révolutions prochaines; je calculais le nombre des vibrations qu'il fallait encore au tremblement moral du globe pour faire crouler tout ce qui domine à sa surface, et précipiter les débris des trônes au-dessous du faîte des chaumières.

L'HEURE EST PROCHE, disais-je! Et tandis que je parlais, l'HEURE EST VENUE.

Dieu n'a pas voulu sans doute que ma voix fût un avertissement pour un gouvernement condamné ; et Louis-Philippe, souillé du sang et de la boue qu'a fait jaillir la chute de son trône volé, en emportant dans un exil solitaire tous les mépris de la France, s'est chargé de faire de mes prédictions une page historique.

§ II.

Si la colère céleste ne devait tomber que sur cette tête avilie, si le temps des orages était fini pour les trônes, si le temps des épreuves était passé pour les peuples, si tous LES ORGUEILS ne devaient pas s'abîmer ensemble avec celui des rois :

L'orgueil de la politique devant l'égalité des droits ;

L'orgueil du jésuitisme devant la force du raisonnement;

L'orgueil du raisonnement devant la puissance de la foi;

L'orgueil de toutes les sciences et de toutes les croyances devant le magnétisme, qui est l'esprit de Dieu ;

En un mot, l'ORGUEIL DE L'EXPÉRIENCE devant l'ENFANCE DE LA RÉGÉNÉRATION ;

Si tout n'était pas ébranlé, si l'esprit ne m'avait pas dit en me montrant l'édifice du vieux monde : « BABEL QUI S'ÉCROULERA ! »

Si celui dont le regard embrasse tout l'univers devait me laisser à court de prédictions, je me serais gardé de publier ces feuilles afin d'échapper au ridicule de prophétiser après l'événement.

Mais auprès de toutes les révolutions politiques, religieuses, scientifiques, sociales, auxquelles aspire l'humanité, qu'est-ce que le renversement d'un trône? La chute d'un arbre pourri que le génie de la liberté a frappé du vent de son aile en prenant son essor. Cependant il y a si longtemps que les racines de cet arbre étaient implantées dans le sol français, que bien des gens rêvent encore pour lui une végétation nouvelle.

Voilà pourquoi il ne suffit pas d'un travail de trois heures pour que la charrue de l'égalité ait tranché toutes ces racines parasites, et ce n'est pas dans une escarmouche que la liberté peut avoir conquis tous ses priviléges, quand la religion du Christ ne s'est établie qu'au prix du sang de tant de martyrs.

Vous voyez donc bien qu'il me reste à prophétiser encore.

Non, tout n'est pas fini! Fasse seulement le ciel que le sang qui doit couler encore ne nous souille pas, que notre belle France aille s'ouvrir la veine sur le sol étranger, afin de le féconder pour la liberté et de reconquérir à l'humanité tout entière UNE SEULE PATRIE, LA TERRE QUE DIEU LUI A DONNÉE!

Non, tout n'est pas fini! J'ai vu, quand on a relevé les pavés des barricades, se tordre, vivante encore, l'hydre de la réaction; je l'ai reconnue à ses écailles couvertes d'un or impur, à ses gencives suintant la bave de la corruption; je l'ai vue, souillée de la fange des rues, se glisser traîtreusement dans les boutiques et venir réchauffer sa haine aux foyers bourgeois.

Non, tout n'est pas fini! Le timbre qui a sonné l'heure de la liberté vibre encore, je l'entends!... Ce n'est plus une heure qu'il sonne!... C'est le tocsin, le tocsin! Veillez, Républicains, veillez; mais soyez sans crainte: le jour de la bataille, Dieu n'avait-il pas jeté son arc-en-ciel en travers de Paris? C'était le signe de son alliance avec vous; pourtant, veillez, Républicains, veillez toujours; et quand vous entendrez ce tocsin, réjouissez-vous, ce sera le glas de mort de toutes les royautés et le véritable commencement de L'ÈRE NOUVELLE.

§ III.

Croyez ce que je vous dis, car déjà se sont réalisées par un signe céleste ces paroles qui terminaient la préface de mon livre, écrite il y a trois mois.

« L'article de salut deviendra visible [1]; la vérité et la liberté y « guideront de leurs flambeaux les faibles et les opprimés : aux op- « presseurs, les ténèbres !

« Afin que ce jour arrive bientôt, ô mon Dieu !

« Donne à ma voix la force,

« A mon cœur le courage,

« A mon esprit la clarté,

« Et à tous la LUMIÈRE ! »

Croyez ce que je vous dis, car celui qui m'inspire plane au-dessus de ce monde et voit tout ce qui va se passer. La langue de feu est descendue sur mon front, je suis l'APÔTRE DU MAGNÉTISME.

§ IV.

La royauté de la SCIENCE, comme l'autre, a lassé Dieu par son stupide entêtement, et ce n'est pas un jeu de la Providence qui vient d'appeler l'ennemi le plus acharné du magnétisme au trône de la faculté ; c'est afin que le châtiment frappe aussi le plus coupable, et que soient étouffés en même temps sous les cendres de leurs royautés, et le plus entêté des rois et le plus borne des savants.

Leur chute sera la même ; espérez, pauvres malades, dupes de la splendeur d'une science qui se nie elle-même, espérez, car avec le trône médical tomberont également tous les satellites groupés autour de lui par l'attraction de l'orgueil et de l'intérêt personnel.

(1) Tout le monde a pu voir en effet, le 24 février, jour de la lutte, un arc-en-ciel qui dominait Paris ; beaucoup en feront gloire au hasard ; moi, j'en fais gloire à Dieu.

A bas les exploiteurs du corps humain, comme les oppresseurs de la pensée. Vive le MAGNÉTISME et la LIBERTÉ! honneur surtout à la France qui va déposer la première dans le sein de la terre labourée par les révolutions, la semence des régénérations de l'EXISTENCE PHYSIQUE et de la VIE INTELLECTUELLE.

CHAPITRE III.

VOCATION.

> 13. Tu te lèveras, tu auras compassion de Sion ; car il est temps d'en avoir pitié, parce que le temps marqué est échu.
> 19. Cela sera enregistré pour la génération à venir, et le peuple qui sera créé de nouveau louera l'Éternel.
>
> *Psaume* CII.

§ I.

Depuis le jour où, le Christ mourant, les voiles du temple déchirés du haut en bas laissèrent voir un instant la vérité dans son éclat, ceux-là mêmes qui étaient chargés de la propager eurent bientôt recousu les voiles déchirés et passé dessus une épaisse couche de mystères; chaque siècle depuis y a déposé la croûte de ses commentaires et de ses superstitions, jusqu'aux procédés de lavage entrepris par les philosophes du siècle dernier, qui ont formé du tout un mastic tellement impénétrable que l'arche sainte n'est plus sous un voile, mais derrière un mur.

Que pourrait faire à présent la faible lueur dont mon âme est éclairée, si ta lumière divine brûle sans laisser passer de rayons?

Dans ce dédale obscur qui me guidera ?

« TA CONSCIENCE ! parle! me dit l'esprit,

« Sois une des mille étincelles qu'il me plaît de lancer sur la terre « pour y allumer l'incendie qui dévorera l'erreur et les préjugés.
« J'ai dit :

« Je soufflerai sur mes élus et je les disperserai de toutes parts; ils « s'attacheront aux lambeaux pourris des superstitions antiques, aux « oripeaux brillants des théories modernes, à toutes ces voiles « opaques de traditions de philosophies, de mystères qui obstruent « ou ternissent la divine lumière, et ils les perceront à jour, afin « que L'ŒIL DES PEUPLES Y PÉNÈTRE. »

§ II.

Malgré ta voix que j'écoute et qui me pousse en avant, je sens perler sur mon front la sueur de l'impuissance. Les erreurs des temps passés ont tellement encombré le sol de la vérité, les préjugés y ont poussé de si profondes racines, qu'au lieu d'une plaine harmonieuse, je ne vois plus qu'une MONTAGNE ; qui la remuera donc ?

« TA VOLONTÉ, me dit l'esprit.

« Vouloir, c'est pouvoir. Lève-toi donc, toi que j'ai choisi pour « prêcher le MAGNÉTISME et la LIBERTÉ, en rappelant à ta génération « le GESTE et la PAROLE du Christ.

« Enseigne à haute voix. Discute avec les docteurs et les Pharisiens, « toujours les mêmes, à Paris comme à Sion, vaniteux et ignorants ; « et s'ils te demandent un miracle, dis-leur :

« Deux cents hommes, peut-être armés de volonté plutôt que de « fusils, le pied fièrement posé sur leurs barricades d'un jour, ont « crié : Vive la République ! et ils l'ont emporté sur cinq cent mille « qui ne savaient ce qu'ils voulaient ! »

Que ton souffle m'entraîne donc au milieu de la tempête, esprit d'inspiration ; le navire est à la dérive, grandis ma voix au niveau du péril, fais qu'elle soit entendue des passagers pendant la tourmente qui vient d'emporter la boussole des vieilles sociétés ; dissipe à leurs yeux le brouillard qui leur cache la terre de salut, comme tu as daigné le faire tomber pour moi. Rends-leur un peu d'espérance ; car je le dis en vérité, en vérité, ils ont perdu la tête !

CHAPITRE IV.

PRÉLIMINAIRES A L'OEUVRE DE SALUT. SUR QUELS DESSINS L'ARCHE SERA CONSTRUITE.

Il s'enveloppe de lumière comme d'un vêtement; il étend les cieux comme un pavillon.

Psaume CIV, vers. 2.

Pendant que vous avez la lumière, croyez-en la lumière, et vous serez des enfants de lumière.

Évangile selon saint Jean, chap. XII, vers. 36.

§ Ier.

« Je ne suis rien par moi-même, a dit le Seigneur, mais l'élu de « toutes choses et l'âme de leur unité; et ma COLÈRE est implacable, « car c'est la loi de la nécessité ; aussi ma CLÉMENCE est infinie, car « c'est la loi de l'éternité.

« Ma colère, c'est la destruction qui brise l'excès du mal; ma clé- « mence, c'est l'ère nouvelle qui renaît de la destruction.

« Ma colère, c'est le désespoir; ma clémence, c'est l'espérance.

« Ma colère, c'est l'esclavage ; ma clémence, c'est la liberté.

« Ma colère, c'est la NUIT ; ma clémence, c'est l'AURORE, et le JOUR « C'EST MON VISAGE.

« Ma colère, c'est la MORT ; ma clémence, c'est la RÉSURRECTION ; « la vie, C'EST MA JUSTICE, et ma gloire, l'ÉTERNITÉ!

« La création était mon image, et les hommes étaient une image « de la création, et ils pouvaient s'admirer en elle, comme elle s'était « admirée en eux. Mais comme ils n'ont voulu s'y regarder qu'avec « les yeux du corps, leur esprit s'est dévié de sa route ; ils ont em- « ployé la création à satisfaire leurs passions, au lieu d'employer leurs « passions au but de la création.

« Que les hommes ne se plaignent donc pas de ma colère qui est « l'implacable nécessité du mal pour briser le mal qu'ils ont fait; « qu'ils bénissent au contraire ma clémence, car c'est l'aurore de la « génération nouvelle.

« Qu'ils prêtent surtout l'oreille à la voix de celui qui va essayer « de se faire entendre au milieu du fracas des royaumes s'écroulant, « du torrent des idées débordant comme les fontaines du grand « abîme, et du tumulte des passions dont les cataractes vont s'ouvrir. »

§ II.

« Car voici : je ferai venir d'en haut un DÉLUGE D'ESPRIT pour dé- « truire sur la terre tout esprit sorti de la chair ; et tout ce qui est « science humaine sera dissous dans la mienne !

« Mais j'établirai mon alliance avec toi qui es le MAGNÉTISME, » a dit encore le Seigneur, « et tu te feras une arche de salut de mon « harmonie, tu en trouveras le dessin dans ma lumière et les maté- « riaux dans tout ce que j'ai mis sous tes sens ; et tu y feras entrer « avec toi ta compagne, l'IMAGINATION, et tous ceux qui sont de ta « famille, c'est-à-dire qui travaillent à l'œuvre et ceux qui aident les « travailleurs.

« Et de tout ce qui est né de l'esprit de l'homme, tu en feras entrer « deux de chaque espèce dans l'arche, savoir : le GERME et l'ACTIVITÉ, « c'est-à-dire le MALE et la FEMELLE ; des arts selon leur espèce, des « sciences selon leur espèce, et de toutes les passions selon leur espèce, « afin que tu les conserves en vie, car tout ce qu'elles ont produit périra.

« Et la génération qui saura ce que j'ai défait et pour quoi refaire, « glorifiera mon nom. »

Alors me souvenant des choses que Dieu m'avait dites, je me suis mis à l'œuvre en face de tous, afin que les hommes, en me voyant construire l'arche de salut d'après les plans de la création, sachent que la société nouvelle ne sera durable qu'à la condition d'être faite à cette image. Or, je commence.

§ III.

Celui qui part d'un point ne saurait arriver au bout d'une ligne infinie; il n'y a que celui qui part de l'infini qui peut s'arrêter sur un point. Ainsi, l'esprit des hommes a bien corrompu sa voie, comme a dit le Seigneur; car en partant du connu, il n'a su aboutir qu'à l'inconnu; voilà pourquoi je partirai de l'INCONNU, afin de donner la démonstration du CONNU.

Et cette voie est la seule véritable; car c'est la seule que les hommes n'ont pas voulu suivre; aussi n'ont-ils produit que mensonge et négation.

En agissant sur les couleurs, tous les chimistes du monde n'auraient pu en découvrir le principe; c'est en agissant sur le principe lui-même ou l'inconnu, qu'on pouvait seulement arriver au connu. Dieu n'avait-il pas écrit cependant au fond des nuages, pour CES SAVANTS QUI VONT PASSER, que telle était la manière dont ils devaient procéder dans la recherche de ses mystères, puisqu'il s'était donné la peine de décomposer lui-même dans l'arc-en-ciel les rayons de son soleil?

Mais en ont-ils fait naître une conséquence? Pourquoi n'ont-ils pas agi de même en toutes recherches? J'apprendrai donc aux sciences vaniteuses de ce monde qui ont fait du Magnétisme un paria, que pour lui seul *le Ciel est un livre ouvert;*

Que la lumière blanche, en enfermant les couleurs dans son éclatante unité, s'est faite l'emblème de l'infinie divisibilité; et toutes choses étant comprises dans l'unité et la divisibilité, la LUMIÈRE est donc : L'IMAGE DU TOUT, le VISAGE DE DIEU; et L'ARC-EN-CIEL, la peinture de l'arche, ou le SIGNE DE L'ALLIANCE du Créateur avec la créature.

§ IV.

Mais quel est ce vent de tempête qui souffle sur le monde, mon

Dieu? ta colère se déchaîne si rapide, que le flot soulèvera mon arche avant qu'elle soit finie, et nul ne sera sauvé.

« N'as-tu donc plus de foi, et ne t'ai-je pas annoncé le DÉLUGE « DE L'ESPRIT? » me dit le Seigneur. « L'ouragan précède la pluie; et « voilà : je fais courir sur la terre un vent qui emporte les trônes, « car les trônes étaient les écluses de l'esprit; et l'esprit débordera « comme un torrent des montagnes déboisées. »

« Tous les orgueils seront emportés de même, et les fourmis s'a- « giteront dans leurs fourmilières; je ferai les chênes se tordre dans « mon tourbillon, et les roseaux entremêleront le cliquetis de leurs « voix. Ainsi, travaille et ne t'inquiète d'aucuns bruits; je sais « l'heure, et tu n'auras fini ni trop tard, ni trop tôt, mais A L'HEURE. »

§ V.

Seigneur, seigneur, j'entends ta voix et je crie :

OU SONT LES ROIS? OU SONT LES ROIS? où sont les grands et les superbes? tu les avais envoyés dans ta colère, et voilà que tu les brises dans ton indignation.

L'esprit, trop longtemps écrasé sous la pression des pouvoirs, va déborder comme la lave d'un volcan; il calcinera l'écume de corruption et roulera dans son torrent de feu les scories du vieux monde.

Sociétés de la terre, vous êtes encore debout, mais l'abîme vous lèche les pieds.

Ce DÉLUGE qui va venir sera plus horrible que le premier, car l'univers vivra pour le voir; c'est l'échafaudage de ses idées, son faux savoir, son impiété, son orgueil qui mourront; l'or de ses vêtements sera changé en boue, ce qui faisait sa gloire fera sa honte, et il sera comme un homme qui assisterait à la pourriture de son cadavre.

Or donc, les rois seront détrônés, mais ils vivront, afin de sentir le serpent de l'orgueil leur ronger le foie, et l'on saura bien que l'enfer du Seigneur n'est pas de l'huile bouillante, mais le châtiment du péché par le péché lui-même.

Sociétés de la terre, vous allez être renouvelées par l'excès du mal que vous avez engendré ; voici l'heure de chercher votre salut dans l'Éternel qui fait couler la vie des fontaines de la mort.

Aussi je vous dis : jetez les yeux sur son arc de miséricorde; c'est là qu'il a caché ses mystères, et il va s'en dépouiller aujourd'hui comme d'un manteau. Je les ai lus au livre de la sapience, et la sapience c'est l'œuvre Magnétique dont le temps est arrivé de se produire.

Venez donc voir l'autel que je bâtis sur les dessins de Dieu dans la cité de sa demeure; car l'autel, c'est l'unité; ses dessins, c'est l'harmonie de la création, l'accord des âmes; sa cité, c'est l'univers, et sa demeure l'humanité.

§ VI.

La RÉSISTANCE soulevée par la FORCE et assise sur l'ÉQUILIBRE, n'est-ce pas l'édifice du tout et l'existence de tout édifice?

La MATIÈRE est le principe de résistance et d'inertie.

Le FEU est le principe de la force et du mouvement.

L'équilibre, c'est l'harmonie qui se traduit par la FORME.

La résistance et la force sans équilibre, c'est le DÉSORDRE.

La MATIÈRE aux prises avec le FEU, c'est le CHAOS; LE MONDE EN EST SORTI PAR LA FORME.

La matière, c'est le PÈRE qui a tout fourni.

Le feu, c'est le FILS qui a tout élaboré.

La forme, c'est le SAINT-ESPRIT ou le lieu d'harmonie.

Gloire au Père, au Fils et au Saint-Esprit ! gloire à la TRINITÉ !

Gloire à Dieu! qui a fait de la lumière son visage, afin qu'on le vît en elle et par elle. Car ainsi qu'on devine un homme sur son visage, ON PEUT LIRE DIEU DANS LA LUMIÈRE.

LA LUMIÈRE de Dieu est BLANCHE, parce que le blanc qui rayonne est la réunion de toutes les couleurs, de même que sa puissance rayonnante enferme tout. La lumière se compose de TROIS COULEURS, le rouge, le jaune, le bleu, comme la Divinité se compose de TROIS PRINCIPES.

Et les trois couleurs sont appropriées aux trois principes par une palpable analogie. Ainsi :

LE ROUGE est l'emblème de la MATIÈRE, parce que le sang est rouge, et que le sang est la matière sublimée et élaborée dans le corps des êtres vivants.

LE JAUNE est la couleur naturelle du FEU (*mot que les alchimistes ont employé pour renfermer dans un seul, l'esprit, le mouvement, la projection*).

LE BLEU n'est-il pas enfin la couleur de la FORME ? N'est-ce pas la teinte visiblement harmonieuse, l'accord des perspectives? En un mot, l'air, qui est le véhicule de toute harmonie, l'air n'est-il pas bleu?

LE PÈRE	*est donc*	LA MATIÈRE,	*est donc*	LE ROUGE.
LE FILS		LE FEU,		LE JAUNE.
LE SAINT-ESPRIT		LA FORME,		LE BLEU.

Le TOUT, c'est le TRIANGLE éclatant de blancheur qui est la face de l'ÉTERNEL.

LA LOI du monde, c'est l'AMOUR ; et afin qu'on ne l'ignore pas, les trois couleurs, en se combinant trois fois deux par deux, ont produit le *violet*, l'*orange* et le *vert:* trois traits d'union de l'univers, dont les fluides impondérables nous donneront la valeur.

SA NÉCESSITÉ c'est l'ÉTERNITÉ, et nous devons en trouver la preuve dans l'harmonie. En effet, le BLEU, qui est la couleur de la forme, ne sort-il pas des ténèbres de l'INDIGO? Car Dieu les a joints ensemble comme l'aurore à la nuit, afin que l'on vît bien que la forme émanait de la déformation, et que la vie se reconstituait par la mort pour accomplir le cercle de l'éternité.

Voici donc que j'ai tracé le premier dessin de l'arche, les sept couleurs de l'arc-en-ciel :

INDIGO-BLEU, *vert*, JAUNE, *orange*, ROUGE, *violet*.

Et ce dessin, c'est LA TRINITÉ, c'est L'AMOUR, c'est L'ÉTERNITÉ.

Mais si l'harmonie de la création se peint à la surface des choses, pourquoi la vibration des molécules que l'air balance ne rendrait-elle pas la même harmonie ?

Je partirai donc de ce nouvel INCONNU, et je vous démontrerai, moi magnétiseur, comment on raisonne, messieurs les savants de ce siècle. Les SEPT COULEURS m'ont donné l'harmonie du monde ; je ne le saurais pas que je dirais : il y a SEPT NOTES dans la musique.

Ces notes doivent être telles qu'elles soient rangées dans l'ordre des couleurs naturelles : la TONIQUE, la TIERCE et la QUINTE forment un PARFAIT ACCORD, donc elles me rendent le ROUGE, le JAUNE et le BLEU ; donc l'harmonie est LA VOIX de Dieu, comme le jour est SON VISAGE [1].

Hélas ! hélas ! Seigneur ! je les entends qui crient : « Tu nous « menaces de ruine, baladin ; mais repeindras-tu le monde à neuf « avec tes couleurs, et prétends-tu réédifier nos sociétés avec ta « musique, comme Amphion les murs de Thèbes avec sa lyre ? »

Pourquoi pas ?

Souvenez-vous de l'adage : *Connais-toi toi-même !* Et avant d'organiser les autres, vous qui vous mettez à l'œuvre, apprenez donc votre propre organisation.

(1) Les détails de ces diverses lois d'harmonie seront étudiés dans le chapitre suivant, et je donnerai les tableaux et les figures coloriées qui établiront les rapports exacts des couleurs avec les sons ; et je donnerai aussi la gamme des odeurs, et celle du tact, et celle de l'intelligence, et l'on verra que Dieu ne nous a donné les sens que pour apprendre à le connaître.

www.ingramcontent.com/pod-product-compliance
Ingram Content Group UK Ltd.
Pitfield, Milton Keynes, MK11 3LW, UK
UKHW021041200726
13857UKWH00005B/1857

9 782011 764607